U0258470

通识学院

101 Things I Learned in Fashion School

# 关于**时装**的**101**个常识

〔美〕阿尔弗雷多·卡布雷拉（Alfredo Cabrera）〔美〕马修·弗雷德里克（Matthew Frederick）著

〔美〕马修·弗雷德里克 〔美〕泰勒·福里斯特（Taylor Forrest）绘 刘梦琪 译

中信出版集团｜北京

**图书在版编目（CIP）数据**

关于时装的 101 个常识 /（美）阿尔弗雷多·卡布雷拉,（美）马修·弗雷德里克著;（美）马修·弗雷德里克,（美）泰勒·福里斯特绘;刘梦琪译 . -- 北京:中信出版社,2023.10

（通识学院）

书名原文:101 Things I Learned in Fashion School

ISBN 978-7-5217-5267-0

Ⅰ.①关... Ⅱ.①阿...②马...③泰...④刘... Ⅲ.①时装－基本知识 Ⅳ.① TS941.7

中国国家版本馆 CIP 数据核字 (2023) 第 143309 号

**关于时装的 101 个常识**

著　　者:[美]阿尔弗雷多·卡布雷拉　　[美]马修·弗雷德里克
插　　图:[美]马修·弗雷德里克　　[美]泰勒·福里斯特
译　　者:刘梦琪
出版发行:中信出版集团股份有限公司
　　　　　（北京市朝阳区东三环北路 27 号嘉铭中心　邮编　100020）
承　印　者:北京盛通印刷股份有限公司

开　　本:787mm×1092mm　1/32
印　　张:6.5
字　　数:89 千字
版　　次:2023 年 10 月第 1 版
印　　次:2023 年 10 月第 1 次印刷
京权图字:01-2019-7272
书　　号:ISBN 978-7-5217-5267-0
定　　价:48.00 元

版权所有·侵权必究
如有印刷、装订问题,本公司负责调换。
服务热线:400-600-8099
投稿邮箱:author@citicpub.com

# 作者序

　　一个好的时装设计课程能够鼓励学生为人们的生活着装问题提出明智的、创造性的解决方案。在多年教学生涯中，我发现，实现这一目标的最大障碍，不是获得某种专业技能或足够的知识信息。随着如今各种信息的普及，一个普通的 8 岁孩子对时装的理解可能比以往任何时候都更加成熟和精深，而实现这一目标的核心在于，要明白时装是为人们真正的需要而设计的。

　　许多学生（有时是老师）认为，现实——有真实需求的顾客和需要用实实在在的面料去制作货真价实的时装这个过程——是创造力的敌人。他们担心，真实的经验意味着繁重的工作、妥协与平庸。其结果是，大多数时装课程倾向于理论，而实操类的环节只有在不可避免的情况下才会涉及。这让很多学生的设计看起来往往更像是想法，而不是真实的衣服。

　　作为一名一直在业务领域工作的设计师，我花了很多年才认识到，识别生活里活生生的顾客，并认识到他或她究竟会穿什么，是多么重要的一件事。对我来说，这种认识绝对不是反创造性的，而是真正创造力的开始。还有什么比将一个人头脑中存在的东西赋予现实世界以意义这一过程更有创造力呢？

因此，本书的核心目的不是传授技术能力（尽管我们希望能做到这一点），也不是挑战和激发学生的创造性（尽管我也希望能做到这一点），而是为读者提供将两者联系起来的一些方法。我希望为学生提供一些小提醒、一些检验标准，充当一种催化剂，帮助他们创造性地解决实际问题，并现实地解决创造性的问题。

我希望学生和设计师在研究、设计、做配色和画插图的时候，能把这本书放在手边。希望其中有关历史的内容能够帮助读者理解，所谓创新总是基于某种时代背景，并且是在对过往的不断回应中发生的；希望其中有关组织结构的内容能够激励读者提升整体设计流程；希望其中有关插图的内容能展示出设计过程中沟通的重要性；而其中有关商业的内容能让人感受到设计师在一个更大蓝图中的角色和作用。

阿尔弗雷多·卡布雷拉

# 致谢

**来自阿尔弗雷多**

感谢卡琳·英韦斯多特、米歇尔·维森–布莱恩特、霍华德·戴维斯、约瑟夫·沙利文和伊夫琳·隆托克–卡皮斯特拉诺的帮助、指导、建议与支持。

**来自马修**

感谢戴维·布莱斯德尔、索切·费尔班克、泰勒·福里斯特、萨拉·汉德勒、卡琳·波莱瓦切克、梅甘·罗斯和苏珊·斯佩伦。

# 时装诞生于 12 世纪

　　人类的着装方式存在两种形态，一种是**悬垂型**，另一种是**剪裁型**。在悬垂型中，简单的布片包裹在身体上，多余的部分自然落下，形成褶皱，这是最早用纺织品制作衣物的方式。剪裁型可以追溯到 12 世纪早期的欧洲文艺复兴时期，那时，科学、哲学与艺术对自然世界的赞美也带来了对人体形态的关注。当时，悬垂型长袍往往被分成多个布片，更贴合身体。随着时间的推移，这些布片的组合方式逐渐形成了**版式**，用于制作多件一致的服装。因此，剪裁型着装方式的出现，被认为是时装诞生的源头。

　　如今，悬垂型服装虽然很常见，但它们几乎都有一个剪裁型的底层结构。毕竟传统的悬垂型服装的形态是短暂的，一旦离开人体，它就会失去形状。

右后　　右前

无袖连衣裙的版式

# 时装业专业用语

**系列（collection）**：名词，1. 设计师为某一季节设计的具有一贯主题的服装系列。2. 一个服装品类，例如外套或泳装系列。

**悬垂（drape）**：1. 名词，观察织物垂坠方式的一种设计实验。2. 动词，在设计实验过程中，尝试摆弄织物在服装中的垂坠方式。

**织物故事（fabric story）**：名词，传递设计师为一个系列挑选的织物样品灵感，有时也指织物组合或创造加工的方式。

**定型（finish）**：名词，1. 梭织物表面的纹理收边方式。2. 时装设计图的终稿。

**合衣（fit）**：1. 名词，服装在人体上的悬垂方式。2. 动词，在模特或人体模型上对白坯或样衣进行试衣调整。

**线（line）**：名词，1. 服装的总体廓形或线条，例如"一件晚礼服的线条"。 2. "系列"的同义词，例如，"我们的秋季系列强调了一种复古的风格"。

**白坯（muslin）**：名词，1. 一种廉价的精纺棉织物。2. 一种服装的初始样板，用于完善设计和合身性，无论使用的是何种具体织物，都可称之为白坯。

**版式（pattern）**：名词，1. 服装各个部位的模板，依据这个模板能够制作多种样式的服装。2. 视觉设计，例如格子、条纹或花卉图案。

# 这个行业的人在做些什么?

**时装设计师:** 构思、设计并指导时装系列或时装品类的创作。

**生产经理:** 为时装公司或设计公司制订成本与后勤计划。

**制版师:** 确定二维平面中的织物形状,并将其变成在三维世界里可实现的服装。

**剪裁师:** 按制版师确定的形状剪裁织物,通常在时装公司或工厂工作。

**样衣工:** 为设计师制作初始样衣。样衣工包括裁缝、缝纫工、编织工和刺绣工。担任两个或两个以上角色的人,可以被称作制样师。

**机械缝纫工:** 工厂环节中的缝纫工(不做打样的工作)。过去,"女裁缝"一般指的是女性机械缝纫工。

**买手:** 受雇于零售商店或连锁店,负责挑选将要出售的服装。

**时尚编辑:** 为媒体策划和执行某种主题拍摄,从不同的设计师那里挑选出适合的风格,用来诠释不同的拍摄主题。

**意见领袖:** 通过社交媒体影响大众的观念、审美及消费模式。他们不一定在时装行业有正式的职位。

## 时装设计师创造"系列"，而不仅仅是单品。

　　一个时装系列通常包含 12~400 件服装单品。在设计师规划的同一个系列中，各个单品往往相辅相成，它们可以搭配在一起，也可以单独穿。

　　作为一名设计师，你需要聚焦于这一系列中的每一个单品，包括那些内搭和层层叠叠的配件，而不仅仅是那些令人兴奋的礼服、西装、连衣裙和其他主打单品。毕竟，在你千辛万苦为自己的主打单品培养了一个客户之后，又怎么能忍心目送他或她到其他地方去买剩下的衣服呢？

黛安·冯芙丝汀宝的裹身裙

# 时尚由洞察力驱动

从物件本身的角度来说，一条连衣裙或一件 T 恤，可以在不蕴含任何潜在理念的情况下被生产出来。但一个成功的时装系列，往往是由一个超越时尚本身的概念驱动的，这是基于对生活、艺术、美学、社会、政治或自我的洞察。以下是一些广为人知的、充满洞察力的时尚理念：

**黛安·冯芙丝汀宝的裹身裙**，其灵感是由女性广泛进入职场的时代背景驱动的。裹身裙的设计，意在希望女人能够在保持自身的女性化与性感的同时，投射出一种简单干练的权威感。

**乔治·阿玛尼轻松、优雅的剪裁**，回应了 20 世纪 70 年代和 80 年代出现的非正式商业模式浪潮，为如今人们熟悉的"休闲星期五"（周五便装日）铺平了前路。

**垃圾摇滚风**在成为一种流行时尚之前，是一场抵抗空洞意识下华丽肤浅生活方式的运动。

**运动休闲风**反映了长期以来的一种非正式文化趋势，呼应了后现代主义对权威和客观知识的抵抗与排斥。

山本耀司设计的服装

## 概念设计始于广岛

在概念设计出现之前，时尚行业由传统的材料、市场和文化现实驱动，有着公认的界限与壁垒。第二次世界大战期间，美国在日本的广岛和长崎投下了原子弹，成长于战后一代的日本设计师川久保玲、三宅一生和山本耀司，打破了传统的行业壁垒，故意挑战当时被公认的时尚界限，成为 20 世纪 70 年代末和 80 年代初的时尚先锋派。这三位设计师深刻地改变了当时流行的审美观念，为西方时尚霸权的终结铺平了道路。

艺术创造出丑陋的东西，但随着时间的推移，它们往往变得美丽。相反，时尚创造出美丽的东西，但随着时间的推移，它们往往变得丑陋。

——让·科克托

1           2           3           4           5

# 良好设计前期的"5C 法则"

时装设计的流程是错综复杂的，并不是所有设计师都以完全相同的方式进行设计。然而，在那些成功的设计师中，有一些共通的设计前期法则：

1. 顾客（Customer）：清楚你是为谁而设计的。

2. 气候（Climate）：确定该系列的设计针对哪个季节。

3. 概念（Concept）：探索并创造一个"大概念"，作为整个系列的灵感。

4. 色彩（Color）：选定一个合适的色彩组合。

5. 布料（Cloth）：研究和选定该系列服装的织物。

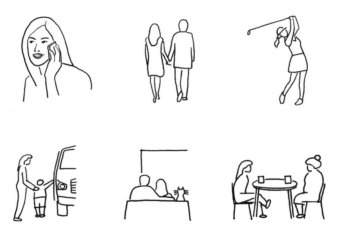

## 明确你"不为谁而设计"

时装设计师必须对自己的目标客户非常了解,比如:她多大了?她住在哪里?她是如何谋生的?她的收入是多少?她在哪里购物?她现有的穿着是什么?她还有哪些未被满足的需求?她理想的生活状态是什么样的?……类似这样的问题,可以帮助设计师围绕时装设计的问题,建构起一个直观的框架。

当一个目标客户特别难以界定的时候,去想象一个与之完全不同的客户会很有帮助。通常,这个客户绝对不是设计师的目标客户,但努力去评估这样一个"其他人"的生活方式,通常可以帮助设计师更好地把握自己的目标客户。

# 三种设计策略：从外到内，从上到下，从大到小。

一个系列的设计中通常包含很多品类，例如西装、裙子、休闲裤、夹克、衬衫、毛衣、配饰等等，必须仔细地进行搭配。然而，同时构思和设计所有的东西是不可能的。那么，设计师如何区分优先级呢？

**从外到内**：外衣，如大衣和夹克，应该比背心、衬衫和内裤等被其掩盖的品类优先设计。

**从上到下**：从本质上来说，靠近面部的衣服一般比下身的衣服更重要，而且应该优先考虑。

**从大到小**：一些大件的衣服，如连衣裙、西装和外套，一般来说应该比衬衫、上衣、背心、针织上衣等品类优先设计。

这三种设计策略中的优先顺序与顾客在时装上的消费比重大致相关。一般来说，顾客倾向于在外衣、更靠近面部的衣服与大件的衣服上花更多的钱。

# 谱写织物故事

**大衣 / 外套的布量：** 秋冬选用厚重的织物，春夏选用中等重量的技术织物和防水织物。

**夹克或下摆的布量：** 选用中等重量的织物，它们一般用于结构化的服装，包括西装、裤子、裙子、定制的连衣裙和不作为外套穿的夹克。

**连衣裙 / 衬衫的布量：** 选用轻质、透明和丝质的织物，它们一般用于衬衫、女士罩衫、飘逸的连衣裙、半裙、长袍和其他柔软的衣服。

**毛衣的布量：** 秋冬选用厚实、温暖的织物，春夏选用精细、凉爽的纱线。

**剪裁和缝制针织品：** 用于内衣打底、休闲裙装或礼服。

**花式织物：** 它们往往具备某种特点，因而成为某些特殊品类服装理想的织物选择，但它们不适合作为基本织物。例如，蕾丝、皮革、毛皮和聚氯乙烯 / 乙烯基（人造革）。

# 将织物纳入设计本身

　　一件精心构思与设计的衣服可能会因选用的剪裁织物而被毁于一旦，因为许多织物可能根本无法达到设计师想要或需要的效果。例如，silk gazar 是薄而僵硬的，不能被贴身剪裁或让其自由悬垂。将天鹅绒用于贴身剪裁的服装或永久性装置（如装饰品或窗帘）中的效果或许是拔群的，但它不适合在动态中呈现。当它被大量用于悬垂或飘逸的服装时，就会变得笨拙。

　　不要等到确定衣服的廓形后再选择织物。在开始设计任何衣服之前，要对整个系列的织物组合进行详尽的调研。要根据织物来设计衣服，而不是反其道而行之。

棉株

## 13

## 棉花是一种纤维，不是一种织物。

**纤维**是原材料的长丝，是构成服装的最小基本元素。它可能非常长，也可能短至几毫米。纤维通过纺织被制成线或纱，然后被梭织或针织成布。

**天然纤维**存在于大自然之中。四种基本的天然纤维分别是丝绸、羊毛（动物纤维）、棉花和亚麻（植物纤维）。其他类型包括羊绒、羊驼毛、骆马毛、苎麻和大麻。与四种基本纤维相比，这些可能更加昂贵，且难以使用。

**人造纤维**是通过加工纤维素制成的，与棉花和亚麻的基本材料相同，例如人造丝、醋酸纤维和莫代尔。

**合成纤维**是通过迫使液体化学品通过一个小孔产生连续的股线或长丝而制成的。常见的合成材料有尼龙、聚酯纤维（涤纶）和丙烯酸（腈纶）。

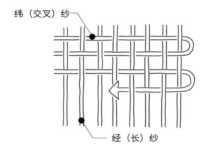

纬（交叉）纱

经（长）纱

**梭织**

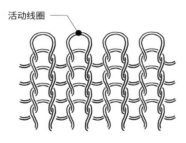

活动线圈

**针织**

## 14

# 梭织和针织

梭织物是在织布机上通过一系列平行纱线反复交错的方式编织而成的：平行的纱线（经纱）保持不动，交叉的纱线（纬纱）以上下的方式穿过它们。

针织物由一根连续的纱线相互交织而成：一根针固定住一排活动线圈（被称为缝线），另一根针拉出另一排线圈，从而产生了一排新的活动线圈。这个过程是不断重复进行的。

无纺织物是通过机械粘合纤维、化学粘合纤维、热粘合纤维或线制成的。它们通常比梭织物或针织物的强韧度弱得多，在时装设计中的用途也很有限，例如毛毡、网状物和聚氯乙烯。

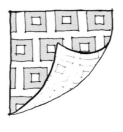

印花

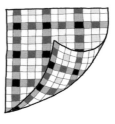

色织（梭织）

## 15

# 图案设计

　　**色织图案**是通过将不同颜色的纱线进行梭织或针织而制成的。图案在织物的正面和反面都能够显示出来。常见的有格子花呢、棋格纹、条纹、花纹、斑纹和抽象的几何图形。

　　**印花图案**是将平板、旋转、平移、放射和丝网印刷等各种染料和油墨工艺，应用于已有的梭织物或针织物上。印花图案可见于织物的正面，但在反面往往只能看见一部分，或根本看不见。

　　传统的色织图案，比如细条纹和格子，在印刷时看起来很低端。但是，印花图案本身并不一定比色织图案差。例如，精细的花卉印花可能会使用 10 种或更多种颜色，呈现出精美的图案，这在色织物上是几乎不可能做到的。

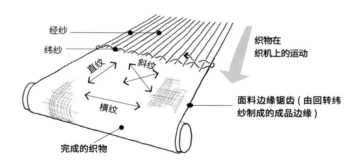

经纱

纬纱

直纹

斜纹

横纹

完成的织物

织物在
织机上的运动

面料边缘锯齿（由回转纬
纱制成的成品边缘）

## 16

## 直纹结实，横纹有弹性。

直纹（或经纱）是梭织物在织机上移动时较长的方向，它是更强韧的轴线，几乎没有可以拉伸的余地。**横纹**（或纬纱）是梭织物在织机上移动时较短的方向。所以一般来说，织物会在纬线方向上有一点拉伸感。

**斜纹**位于直纹和横纹之间的 45 度角。梭织物一般在斜向具有最大的弹性。在 1959 年氨纶被发明之前，使梭织物有很大弹性的唯一方法是斜切。如今这种做法仍然存在，但可能会造成浪费，使得成本过高。

直
纹

横 纹

## 竖向剪裁

大多数衣片应该竖向剪裁。当穿着者站立时，经线是从上到下垂落的（垂直于地面）。也正是因为织物在纬线方向上的延展性更强，穿着者在伸展或弯曲手臂时，才会感受到横跨背部的弹性空间。

如果你打算采用竖向剪裁之外的方式，请确保有一些充分的理由，并且准备好权衡其中的利弊。例如，你可能打算在横纹上剪裁织物，制作一个想要的图案，但这时服装本身的舒适度和灵活性可能会受到影响。或者当你打算进行斜向剪裁，使得整条裙子有更好的垂坠感时，可能会让它走形，或者随着时间的推移，衣服容易在接缝和下摆处出现褶皱。

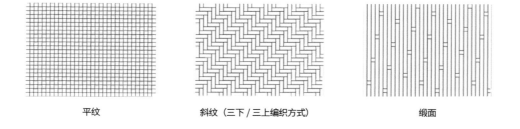

平纹　　　　　　　　斜纹（三下／三上编织方式）　　　　　　　　缎面

**三种最常见的织法**

# 缎面是一种织法，而不是一种表面特征。

## 18

织物的表面特征主要是由它的编织方式决定的。常见的织法包括：

**平纹**：使用简单、交替、覆盖式的图案编织。这是一种很普遍的织法。

**斜纹**：用纱线交错编织（例如三下／三上）的方式，从而产生带有凸起的对角线的面。斜纹织法用途广泛，经久耐用。它适用于军装、牛仔裤、斜纹棉布裤和室内装饰，包括牛仔布、马裤呢和软薄绸（丝绸）。

**缎面**：用纬纱跳过大量经纱的方式编织，这类织法因为线与线之间的交叉点较少，织物的阴影部分较少，从而拥有光滑的表面光泽。缎面材质包括质地较硬、有光泽的公爵夫人蕾丝、有光泽且柔软的查米尤斯绸缎，以及有暗淡光泽的双面横棱缎（一种柔软的、有光泽的丝绸）。

**提花**：由复杂的纱线交织而成的精妙且有光泽的亚光表面图案，如花卉或古典繁复的佩斯利纹样。它包括有调色混合图案的锦缎、五颜六色的织锦和像被子一样厚厚的马特拉塞凸纹布。这些经常被用在家居装饰和服装中。

**绒**：往往有一层覆盖织物底层的表面绒毛。绒有多种生产方式，例如毛圈织物可以通过在织物中织入金属丝，再将其去除之后留下纱线圈的方式制作而成。其他的类型包括天鹅绒（质地细腻、绒毛短）和灯芯绒等。

## 19

## 织物的选择与颜色的选择密不可分

在设想颜色的时候，要同时考虑相应的织物。比如，如果不事先把"白色"和其对应的织物联系起来考虑，那么单纯在设计中选择"白色"并不是特别有意义。因为你需要注意到，洁白的亚麻布和乳白色的羊毛之间有着巨大的差异。又比如，这之中的微妙点在于，同样是亮粉色，如果使用的织物是高级时装中的双面横棱缎，那么这种亮粉色可能会呈现出比较好的效果，但如果使用的织物是尼龙氨纶，可能就会显得亮粉色很庸俗。

取材自艾伦·林赛·戈登的照片

## 亲手挑选织物

　　挑选织物时，颜色、质地和图案是重要的参考因素。但与重量、材质特点和手感相比，这些都是次要的。试着在触摸织物时闭上眼睛，这样或许能够让你对织物的质感和适用性做出更清晰的判断。

始终保持底部的剪裁刀片与桌面接触

# 如何剪裁织物

1. 永远不要把织物举在空中剪裁，应该将它平铺在桌子上，并且这张桌子的摆放位置需要让你触及所有的面。

2. 根据需求用熨斗熨平所有折痕处和不平整的地方。确保织物的直纹和横纹完全垂直。尤其需要注意雪纺和查米尤斯绸缎这类织物。

3. 无论是直线剪裁还是曲线剪裁，都要清晰地标记出切割线。如果要使用某种图案或模板，请将其别在相应的织物上。

4. 要使用非常锋利的剪刀，不要使用之前剪过纸的剪刀。

5. 摆正自己的位置，以便确定自己与织物是垂直的，使织物与自己的身体保持一定距离。要牢牢握住剪刀，沿着你画的线条或图案的边缘平稳地进行剪裁。每完成一次完整的剪裁之前都要做一些停顿，以避免边缘不平整。每一刀都要稍稍超过所需要达到的停止点，以确保另一刀与之相接处有一个干净的连接角。

6. 要从不同的方向剪裁织物，不要抬起或移动它。剪裁时，人绕着桌子走一圈，从与上一刀相似的角度切下一刀。

## 22

## 普通成年人是 7.5 头身，典型的时尚身材是 9 头身或更多头身。

一幅时尚插画的存在，往往是为了展示与销售一件衣服背后的理念。它的设计需要迎合许多时尚顾客的愿望，例如看起来年轻、优雅、高贵和时尚。比较修长的身材往往更容易表达与暗示出这些含义。

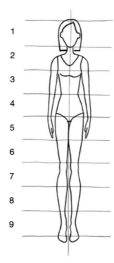

1

2

3

4

5

6

7

8

9

## 如何画出一个9头身的人物

首先画一条垂线，然后标出10个刻度，使它形成9个相等的段。

1.　　画一个鸡蛋或椭圆形来填充第一段，这里是头部。

2.　　在这一段的中间，画出向下倾斜的肩部，总肩宽约为头宽的2.5倍。

3.　　在上1/3处定位一个胸围线。

4.　　将腰部画在这一段的顶部，这部分比肩宽的一半多一点。同时将肘部与腰部对齐，并在底部画出大约两个头宽的臀部。

5~6.　在第5段的大约1/4处，用一条短水平线画出胯部，并将手腕与它对齐，将手画到该段的底部。在第6段里，使大腿的线条向底部逐渐变细。

7~9.　在第7段的顶部画出膝盖的顶部，把脚踝画在第9段的中上1/3处。

机车夹克的前部与后部平铺图

# 插图类型

## 24

**草图：**快速的工作插图，一般用来描述服装的总体廓形、比例与外观。一件衣服的设计通常需要至少三幅甚至更多幅草图。大多数设计师都有一本速写本，用于不断地创作。

**细节图：**服装在某个区域的放大图，用于表达细节，如结构、针脚、五金件和装饰。

**平铺图：**用来显示服装的平铺视角和精确比例的一种技术插图，它一般被用来详细地传达服装的结构和功能。

**完成图：**一个完全渲染的终版时装模特插图，通常有 30~38 厘米高。一般来说，它传达了服装或整个系列的态度与情境，包括其预期的客户类型。在完成图里，通常还包含一些不一定属于该系列的造型和配饰。

## 展现时尚理念，而非插图技巧。

　　有天赋的插图师总会忍不住肆意自我沉浸与炫耀自己的作品。但一位优秀的艺术家往往是能够察觉这种冲动的自我修正者。他或她会不断地重新审视这个问题："如何最精简有效地传达自己的设计理念？"

## 悬垂织物很难被准确地勾勒出来

　　因为量身定制的服装十分贴合身体，所以它的形态往往是可预测和可把控的，也很容易在二维草图中描绘出来。但那些使用大量悬垂工艺的服装通常并不是这样，不同的织物有不同的垂坠方式，往往会产生与设计师原本意图不同的廓形。那些带有图案或花纹的织物进一步增加了其中的复杂性，因为花纹和图案这些关键部位很可能会消失在褶皱和凹陷中。

　　设计有大量悬垂工艺的服装时，在画草图时直接使用织物，以确保能达到预期的效果。

# 插图的注意事项

保持画面光线的一致。可以将光源放置在画面的左上角或右上角，使人物的轮廓或 3/4 的角度朝向光源。这样的布局可以使阴影落在人物的下巴、胸部、下摆、手臂或腿部后面这些远离正面视线的地方。那些远离光源的人物脸上可能会出现一些分散注意力的阴影。

阴影不要太重。一幅出自古典大师的帷幔插图，或许可以被厚重的阴影精美地勾画出来，但时装插图应该是表意和印象派风格的。

弱化对目标客户的勾勒。时装草图一般需要与其潜在客户产生一定的关联，而非真的呈现一个具体的人物。因此，需要形成一套可以一直使用的极简主义脸谱。

尽量减少线条。太多的线条会给时装速写带来图画书般的质感。特别是在强调某些细节的时候，不要用过多的线条。

保持比例一致。 一件衣服或一个系列的时装插图可能同时在多个工作场景中使用。让每张插图保持部分与部分、部分与整体关系的一致性，可以帮助制版师、布商、刺绣师、生产经理和其他围绕同一件衣服工作的人员统一起来，共同工作。

**3/4 侧身姿势**

## 插图人物的最佳姿势

在决定人物的姿势时，要考虑插图必须传达出的服装廓形和细节。不合理的人物姿势可能会歪曲设计，误导目标客户。

**人物站立的姿势：** 一般用来展示修身的裙子和礼服。对于有层次感的服装来说，手放在臀部，可以展现出服装的底层结构。但对于更飘逸的服装来说，站立姿势的插图并不总是最好的选择，因为飘逸的服装在静态的人物上容易显得呆板和沉重。

**人物动态或行走的姿势：** 适用于飘逸的织物和廓形饱满的服装，以及活泼或休闲的运动造型。但当这种姿势被用于描绘修身服装时，要格外小心，例如一条铅笔裙如果穿在一个双腿张开的人身上，可能会无意中被当作一条 A 字裙。

**人物剪影：** 这种方式最适合用来呈现一个戏剧性的夸张廓形，例如在铅笔裙外面穿一件休闲夹克。这种形式也可用于展示服装特殊的侧面细节。

**背面姿势：** 一般仅用于呈现重要的背部细节。

米开朗琪罗的《大卫》

## 低肩与高臀

　　在绘制人物形象的时候，首先要画出头部，其次画一条铅垂线，最后画出脚的预定位置。人物的重心分布决定了脚的位置与铅垂线的关系。如果一个人物的重心是均匀分布的（静态人物），那么脚离铅垂线两侧的距离就应该是相等的。如果人物的重心完全在其中一条腿上，那么这条腿和脚就应该正好在铅垂线上，而另一条腿则偏向一边。如果人物的两只脚都在铅垂线的同侧，那么这个人物看起来就会是往下倒的。

　　在**对位均衡站姿**中，人物的重心偏向一只脚，肩膀和手臂从臀部和腿部稍微扭转偏离，肩膀较低一侧的臀部会稍微抬高。

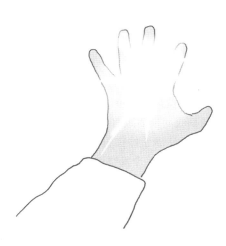

## 皮肤呈半透明状

　　人的皮肤不是不透明的，光线可以穿透它。无论是使用材料画笔还是数字媒体，在绘制人物插图的时候，都要留有一些穿透画面的通透感，从而避免使你的插图人物看起来没有生命力，像是一个玩偶或者卡通人物。

## 将服装的颜色与人物的发色和肤色相对应

效果最佳的配色组合有：

- 深色衣服配白皙的皮肤，浅色衣服配深色的皮肤
- 绿色调的色系组合搭配红色或红棕色的头发
- 红色调的色系组合搭配黑色或金色的头发
- 黄色调的色系组合搭配黑色、棕色或红色的头发
- 蓝色调的色系组合可以搭配任何颜色的头发。不过，深发色能够为浅蓝色增添一丝优雅与成熟感。相比而言，浅一点的金发色能够通过其中蕴藏的少女感，弱化藏青色带来的潜在的严肃感。

## 避免使人物排成一排

## 32

绘制多个人物的一种简便方法，是将他们排成一排。但对于拥有类似色调或相似廓形的时装系列，一排人物的插图绘制方式，可能会带来沉闷和重复的感觉。而如果这个系列的品类是高度多样化的，这种绘制方式又可能会显得很不连贯。

要让包含多个人物的构图充满动感与活力。在构图中，可以利用不对称性，例如将背景人物放在比前面人物更高的位置上，或者将人物分成两组或三组，并使他们之间产生相互的氛围感。让人物彼此交叉重叠，但注意不要掩盖重要的设计特征。

## 图案花纹的呈现是大概的，而非具体的。

　　在渲染印花或编织图案的时候，不要具象地展现每朵花的每一片花瓣，也不要展现犬牙织纹中的每一个格子。反过来设想一下，这个图案在一个站得足够远，以至于看起来和你的插图一样大的模特身上会是什么样子？时装模特的插图通常是 30~38 厘米高，如果把它比在手臂上，它与站在距你 2.7~3.7 米外的人的视觉高度大致相同。在这个距离上，你会发现微小的彩色印花和图案往往会融为一个整体的色块，而中等规模的图案看起来则像一种纹理。

## 34

# 后退一步看

　　在进行服装设计或绘制时装草图的时候，人往往是在一臂内或更近的距离上工作。但优秀的设计师和插图师经常会后退一步，观察自己的作品在他人的视觉距离上看起来如何。那些只是在一臂内的工作距离观察自己作品的设计师或许会发现，他们的作品在展示之日，往往看起来与他们预期的截然不同。

## 好的时尚设计，如同从任何角度看都很有趣的独立雕塑。

设计师通常会将很多精力集中在衣服的正面，而将背面和侧面作为收尾草草了结。这样的设计思维往往无法创作出令人满意的衣服。

在勾画或绘制草图时，可以尝试颠倒你的思维过程，从一件衣服的背面开始设计，在那里就开始应用你的概念。往往在这时候，无论是这件衣服的背面还是正面，你可能都会产生一些新的想法，并由此完成更令人满意的整体设计。通常情况下，你会发现后背中部拉链并不令人满意，而前胸中部拉链则显得累赘、不够灵巧。在侧面，你可能会发现自己重新想象了一条接缝，作为一个视觉过渡，帮助正面去衔接背面，又或者，你可能会发现织物的位置变化或某种创造性的缝制方式，能够更好地烘托出这件衣服正面或背面的设计特点。

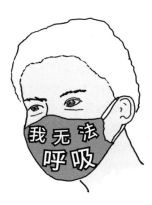

## 穿着是文化的晴雨表

　　一个时期盛行的穿着往往反映出当时的文化背景，尽管其具体呈现方式是无法预测的。比如美国宪法第十九修正案赋予妇女投票权后，女人剪短了头发，开始留起时髦的波波头，并将裙子的下摆提高到膝盖以上。但在大萧条时期，保守主义卷土重来，时尚又回归传统的华丽与纸醉金迷，如同好莱坞黄金时代的女演员玛琳·黛德丽、金杰·罗杰斯和珍·哈露所呈现出的那种风尚。

　　20 世纪 80 年代，当女性大量进入职场的时候，垫肩开始流行起来，因为它能让人看起来更强壮。男士时装也很快开始以夸张的垫肩作为特色。

　　时装设计师必须理解并接受不同的文化现象，因为时装最终需要回应的是比时尚大得多的力量。

## 女人的时尚变化按天算，男人的时尚变化跨世纪。

在西方现代社会到来之前，男人与女人穿着潮流的更迭频率是相似的。然而，当启蒙运动宣扬人人平等之后，用穿着来区分社会等级的必要性慢慢减弱。与此同时，对于男人来说，军装的出现与标准化意味着男人不再需要穿着自己的衣服去打仗，这进一步中和了士兵之间的社会等级观念。在随后的19世纪，量身定制的男士西装作为一个伟大的社会平权标志出现了，并在此后几乎没有什么变化。

# 过去 130 年间的女性时尚

| 潮流 / 廓形 | 时代 / 影响 | 代表性设计师 |
| --- | --- | --- |
| 沙漏曲线 | 新艺术运动 | 查尔斯·弗雷德里克·沃斯 |
| 无束胸衣 / 霍布裙 | 东方风格 / 选举权 | 保罗·波烈 |
| 孩子气的扁平曲线 | 美国宪法第十九修正案 | 加布里埃尔·"可可"·香奈儿 |
| 斜裁法 | 好莱坞 | 玛德琳·薇欧奈、阿德里安 |
| 阔肩 /A 字裙 | 第二次世界大战 | 艾尔莎·夏帕瑞丽、梅因布彻 |
| 锥形胸 / 伞裙 | 新风尚 | 克里斯汀·迪奥、克里斯托瓦尔·巴伦西亚加 |
| 稚气的扁平曲线 | 青年文化 | 库雷热、玛丽·匡特 |
| 富有的嬉皮士 | 街头服饰 | 伊夫·圣罗兰、罗伊·候司顿 |
| 阔肩 / 短裙 | 炫耀性消费 | 乔治·阿玛尼、克里斯汀·拉克鲁瓦 |
| 极简主义 | 比利时 / 垃圾摇滚 | 马克·雅可布、海尔姆特·朗 |
| 戏院 / 戏服 | 中央圣马丁 / 世纪末的华丽忧郁 | 亚历山大·麦昆、约翰·加利亚诺 |
| 运动休闲风 | 后现代的非正式性 / 网络文化 | 亚历山德罗·米凯莱、德姆纳·格瓦萨利亚、坎耶·韦斯特 |

**38**

## 在摇滚乐出现之前，年轻一代沿袭父母的穿着。

20 世纪 60 年代，婴儿潮、摇滚乐作为一种文化现象的崛起，以及美国和西方社会普遍存在的不满情绪，催生了一种动荡的、以年轻一代为中心的反主流文化。在这股浪潮到来之前，青少年和儿童通常沿袭父母的穿着，下一代往往被看作上一代的年轻版或较小版。

## 一位时装设计师帮助重振了法国二战后的经济

　　二战结束后，由于制造业长期为战争服务，法国的纺织厂一度陷入沉寂。克里斯汀·迪奥通过设计出需要很多布料的伞裙，帮助重振了法国的纺织业。他设计出了截然不同的季节性廓形，激发女性的消费市场，从而让资金流动起来。但是，迪奥的"新风尚"不仅仅是一种营销策略，更重要的是，它重申了在战争中被牺牲的女性气质。

**41**

时尚是人们在日常生活中理解与感悟艺术的一种尝试。

—— 弗朗西斯·培根爵士

**复杂服装**
设计流程通常始于这里

**传统服装**
设计流程通常始于这里，往
往源于现有的服装版式

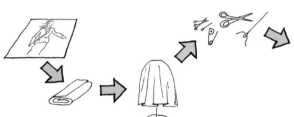

## 如何将草图转化为原型

　　将设计草图制作成三维服装有两种方法。复杂服装通常是首先将棉布织物在模型上悬垂出一个大致的形式，然后通过打褶调整至接近所需的合身程度。接着再把棉布拿掉，在桌上进行进一步精确的版式修改。

　　而传统服装通常是通过在桌上修改现有的服装版式，将版式转移到棉布上，再去改进服装的形式。

　　两种情况都需要经历多次迭代，才能创造出最终的棉布原型。一旦原型确定下来，就可以在模特身上试衣，在最后的调整之后，会采用预定的织物进行剪裁。

## 赋予审美姿态一个理由

即使是最具表现力的时装，也必须满足功能的需求，包括衣物的结构、合身度、穿着与制作方法。因此，美学设计应该被看作对设计思路和目的的加强。在画设计图的时候，设计师就应当考虑笔下的每一个线条如何使服装表达出更多的功能性内涵。一个戏剧性的、不对称的设计可能有助于确定一个口袋或五金件的位置。某种色块的引入可以凸显服装的某个结构，一个不平行的下摆或许是为了突出织物的流动性，呈现一个对比强烈的内衬，或是凸显一双有趣的鞋子或靴子。

仅仅以"我喜欢"作为理由的审美姿态，在最终服装面世时，往往并不是设计师真正喜欢的东西。

## 将结构转化为风格线条，或将风格线条转化为结构。

**44**

　　好的设计师往往会策略性地定位与处理服装的接缝处（一件衣服的结构性元素），从而在维持衣服合身度的同时，创造出一种有趣的美学效果。另一方面，他们有时也会反过来，把风格线条转化为结构本身，特意为了美观而在服装中引入接缝的结构。例如，有时候设计师会在其中嵌入具有反差感的织物去强调身体的曲线，同时确保它让衣服更好地贴合身体。

## 简单的衣服并不意味着简单的设计

## 45

当冗余的设计元素从一件衣服中被去除的时候，比例、线条、合身度这些更细微的考虑之处就被放大了。看似简单的时装处理，需要设计师对解剖学（如领口与锁骨的精确位置关系）、几何学、平衡感、正负空间以及部分与整体的和谐关系有深度的理解与关注。

A 字裙　　　　　圆形裙　　　　　直筒裙　　　　　陀螺裙

伞裙　　　　　百褶裙　　　　　短裙　　　　　裹身裙

# 裙子

**A 字裙：**裙摆整体略微外扩，近似于字母"A"的形状。

**圆形裙：**由一圈圆形的织物制成，中间有一个腰孔。裙子的底部非常饱满，没有省位或褶子就能贴合于腰部和臀部。半圆形裙是圆形裙的一种变体。

**直筒裙：**从臀部直挂到下摆，两者的尺寸是相同的，并在腰部用上一个裁片（过渡性的织物）或缝褶。这种类别包括铅笔裙（中长）和蹒跚裙（长裙，会阻碍完整的步伐）。

**陀螺裙：**类似于直筒裙，但下摆比臀部的尺寸小，所以整体形状更贴合身体轮廓。喇叭裙则是在陀螺裙的下摆处增加了一个喇叭口。

**伞裙：**通过打褶来收腰的一种大尺寸裙子，包括巴伐利亚裙、泡芙裙和泡泡裙。

**百褶裙：**伞裙的一种，利用多层褶皱的织物，使其贴合腰部和臀部，形成手风琴或风箱的效果。

**短裙：**短裤和裙子的结合体，类似短裤被设计成裙子的样子。

**裹身裙：**用交叉重叠和扣件缠绕身体，包括苏格兰短裙（一种褶裙的变体）和纱笼。

| | 身高 | 体重 | BMI* |
|---|---|---|---|
| **女性** | | | |
| 美国（2015—2016） | 161.8 厘米 | 77.4 千克 | 29.6 |
| 加拿大（2014） | 163.9 厘米 | 71.2 千克 | 26.5 |
| 时装模特（估计） | 177.8 厘米 | 53.5 千克 | 16.9 |
| **男性** | | | |
| 美国（2015—2016） | 175.5 厘米 | 89.8 千克 | 29.1 |
| 加拿大（2014） | 178.1 厘米 | 84.8 千克 | 26.8 |
| 时装模特（估计） | 182.9 厘米 | 80.7 千克 | 24.1 |

*BMI（Body Mass Index）：身体质量指数，计算公式为 BMI= 体重（千克）/ 身高 $^2$（米）。

**年龄调整后的全国平均水平**
资料来源：《2018 年美国国家卫生统计报告》

# 模特

近年来，出现在广告中的体型越来越多样化，以适应大众的需求。然而，在时装业的设计和生产领域，对身高和身材尺寸的要求仍然很严格，这主要是因为预生产的服装往往只有一种尺寸。

**试衣模特：** 需要出现在设计公司的设计与打样环节中。女性一般为 8 码，男性为 40R 码。模特必须保持这个理想身材尺寸至少两个月，直到试衣完成。

**陈列厅模特：** 需要出现在零售商店买手造访制造商和设计公司，预览下一季款式的时候。他们往往与时装 / 杂志模特有着相同的身材尺寸和码数。

**时装 / 杂志模特：** 出现在杂志、广告、系列目录和走秀中。女性身高往往为 175 厘米或更高，通常尺码为 34-24-34（4 码）。男性身高为 180~188 厘米，西装尺码为 39~42，腰围通常为 81 厘米。

**大码（女性）和高壮（男性）模特：** 在大多数或所有模特类别中都能找到，通常女性为 14 码，男性为 XL 码 / 腰围 91 厘米。

## 一个好的模特能帮助设计师更有效地工作

一场试衣涉及许多人：设计师、制版师、样品制作师、助手和模特。由于工作强度很大，一个团队需要在相互配合中流畅地工作，因此口头和非口头速记是必不可少的。一个好的试衣模特是沟通过程重要的一部分。他或她不需要被明确要求，就能明白设计师需要的是什么。比如当设计师把模特的一只手放在臀部或肩膀上的时候，可能意味着需要他或她"转向这一边"，而把模特的一只手放在手腕上则表示需要"抬起你的手臂"。此外，当一件衣服穿着感觉不合适时，一个好的试衣模特会告诉设计师，他或她甚至能够找到感觉不合适的原因，并给出解决的办法。

48

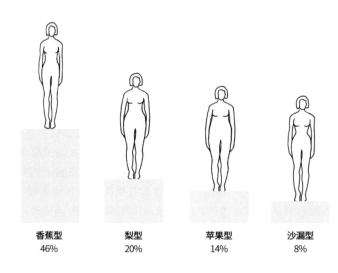

**按频率划分的女性体型**
数据来源：北卡罗来纳州立大学，2005 年

香蕉型
46%

梨型
20%

苹果型
14%

沙漏型
8%

**如果一件衣服只穿在高 183 厘米、重 54 千克的模特身上才好看，那就不是一个好的设计。**

**49**

　　一个系列的目标客户可能在生活、思维和购物方式上有相似之处，但这并不代表他们的身材是相同的。一个好的设计系列能够提供各种廓形、比例和织物，以适应各式各样的体型。

**超小码**

一般来说指在 163 厘米以下的女性，通常伴有"P"字母的偶数尺寸。

**青少年码**

指臀部和胸部都很苗条的年轻女性。通常呈现为奇数尺寸，例如 1~13 码。

**常规码**

指拥有中等身高和比例的女性。呈现为偶数尺寸，通常为 0~14 码。

**加大码**

体型较大的女性。通常用"W"指代，例如 14W~24W。一些青少年系列会有加大码。

## 尺码分级

　　设计师通常以一种尺寸进行设计，诸如设计领域常用的 4 码和中级市场常用的 8 码。在设计定稿后，设计师通过调整一些关键的测量值，如腰围、胸围线、臂宽、颈点至腰、肩膀至腰、横胸、前胸，来设定其他尺码。每个设计公司都会使用自己的尺码分级方案，以确保服装的比例和造型具有一致性。

　　加大码和超小码需要进行更基础的比例调整，它们并不是在 4 码或 8 码的基础上向上或向下进行分级，而是单独制版，甚至单独设计。这就是为什么常规的女装系列往往没有加大码和超小码的单品。

## 50

## 宽松地进行测量

　　轻轻地在身体或衣服上进行测量，这时候卷尺可以稍稍放松，留有余量。重要的测量指标包括：

　　**胸围**：在胸部的顶点周围，围绕胸部 / 腋下进行测量。不要顺着乳房的坡度斜着测量，要使卷尺在整个测量过程中保持水平。

　　**腰围**：围绕躯干的最窄部分进行测量。

　　**臀围**：取腰部以下约 18 厘米处，覆盖过臀部的最大曲线。

　　**颈围**：测量时留有一根手指的宽松度。

　　其他重要的测量指标包括：前胸中部、后背中部、肩部、横胸、横背、肩部坡度和侧缝。

伊夫·圣罗兰的蒙德里安裙

## 原色的受众有限

只有少数服装是直接采用原色（黄色、红色或蓝色）或次原色（橙色、紫色或绿色）的。一件基于原色的衣服可能是很好的单品，但整个基于原色的系列不会有太广泛的吸引力。比如，在一个季节里，某一个顾客只会穿几次亮黄色的裙子，但她可能会经常穿同一件黑色、灰色或藏青色的裙子。

一个更有效的时尚色系，通常是基于我们在日常生活中遇到的各种颜色，比如化妆品色、活性色、粉末色、冰沙色、矿物色，或大地色、宝石色和香料色。

## 52

## 黑与白不仅仅是简单的黑与白

　　全黑或全白的色系看起来似乎很简单，但它们的一致性要求我们更多地关注质地、悬垂和手感（织物的触感）等细微的影响因素。此外，所有的黑色与黑色、白色与白色都是不匹配的，比如暖黑色（带有棕色底色）和冷黑色（带有蓝色底色）搭配起来会显得寒酸和廉价，而暖白色和冷白色的搭配看起来很脏。文化差异进一步增加了这种颜色选择的复杂性，比如明亮的白色可能有利于映衬出夏天皮肤的棕褐色，而乳白色可能会在冬天带来舒适的感觉，又比如在西方，白色与纯洁有关，而在东方，白色与死亡有关。这些都可能会使颜色成为一个意想不到的复杂的时尚选择。

## 关于时尚野心的两种观点

做大动作。设定超出自己能力范围的目标和愿望；瞄准一个远大的目标，即便最终失手，也比仅仅平庸稳当地完成要好。你需要的是引起一些反响，去做一些十分夸张的动作，看看会发生什么。不要做你已经擅长的事情，尝试用不熟悉的事物来建立自己的技能。你可以先为一个系列设计非常多的服装和配饰，然后再进行必要的缩减。

尽量减少大动作。将大的招式保持在小的幅度内。避免使一个系列中的每一个单品都成为展现你的结构或主题的一种复杂的物件，这会使它们显得有些多余，从而产生一种设计过度，甚至是沉闷的感觉。就像在戏剧中，背景人物的出现是为了使主角更加引人注目，在交响乐中，安静的插曲凸显了高潮段落。不过，一个激进的时尚设计则另当别论。

54

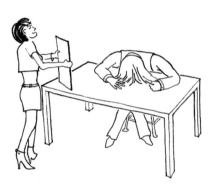

## 让指导老师失望的两种方式

**完全按照指导老师说的做。** 这就是在告诉老师，"我不想思考"。老师的回答并不是为了直接指出一个正确的选择，而是建议与提供一些你可以探索的途径。事实上，老师可能并不是要让你按照他 / 她的建议去做，而只是想引导你远离不应该做的事情和不太可能成功的设计路径。你需要利用指导老师的建议，产生自己创造性的反馈。

**完全不按指导老师说的做。** 这是在告诉老师，"我不想学"。这表明，你认为自己比老师懂得多，或是认为老师想接管你的系列设计，又或是你觉得自己的创作不应该受到批评。事实上，你的老师正试图用自己的经验去为你的整个设计过程提供一些参考。学会多样化地尝试一些你最初抵触的方案，是进行一个良好设计的重要部分。

## 55

设计理念的演变

# 关于设计的四个迷思

**迷思：** 有创意意味着设计一些以前从未见过的东西。
**真相：** 如果某样东西以前没有出现过，可能不是因为没有人想到，而是因为它行不通。

**迷思：** 购买创意就是抄袭。
**真相：** 购买创意可以拓展设计师在细节、成品、处理方式等方面的思维。

**迷思：** 一个成功的最终设计看起来像是还原了最初的草图。
**真相：** 一个成功的设计理念会在整个设计过程中不断演变，以最好地满足客户的需求。

**迷思：** 遵从现实意味着平庸。
**真相：** 时尚必须有一些理想的、充满情感的，甚至是不切实际的幻想元素，但成功的时装设计师终究是为真实的人设计服装的。

# 时尚不仅仅是品味的问题

　　不同的观点在时尚界是很常见的，但这并不意味着所有意见都应当被平等地看待。分歧的产生，有时可能是由于个人品味的不同，但更多时候可能是由于个人知识储备的不同。比如，一个人对织物、合身度、结构、颜色和剪裁等方面了解越多，他或她的时尚观点就越有说服力。

　　在你把批评家的某种相反意见当作个人品味的问题，从而加以否定之前，可以先问问自己："在这一点上，我们之间谁更有资格被称为专家？"如果能够在接受批评家的观点时，考虑这样一种可能性，你将同时超越自己和批评家在当下对这件事情的理解。

## 57

艾尔莎·夏帕瑞丽的高跟鞋礼帽

香奈儿的品味不多，但都是好的。夏帕瑞丽的品味很多，但都是坏的。

——克里斯托瓦尔·巴伦西亚加

一点坏品味就像撒上一抹辣椒粉。我们都需要一点坏品味——它是强烈的、健康的、触动感官的。我反对的是毫无品味。

——戴安娜·弗里兰

**59**

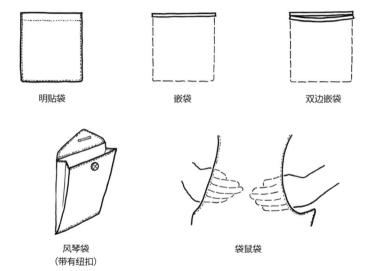

明贴袋　　　　　嵌袋　　　　　双边嵌袋

风琴袋
（带有纽扣）　　　　　袋鼠袋

## 贴袋展现出实用性，嵌袋展现出精巧性

　　**明贴袋**：一块织物的三面缝在衣服外面，第四面敞开。这种口袋主要展现出一种功能性，看起来像是被缝在画家或木匠穿的裤子上一样，但如果它被用在一件优雅的衣服上，往往会看起来不协调。

　　**嵌袋**：一种常见的口袋类型，通过在服装织物上开一个缝，将口袋隐藏在里面。

　　**双边嵌袋**：嵌袋的一种变体，以内嵌大扣眼的方式制成，开口的两边用绲边或围边处理。

　　**风琴袋**：贴袋的一种变体，其结构从衣服上延伸出来。

　　**袋鼠袋**：一种非正式的袋状口袋，通常在衣物的两侧做出开口，但有时也会做在衣物顶部，位于躯干的前部。

玛丽·卡萨特的一幅画

## 后背中部拉链的设计如同精美的水晶，最好把它留给特殊的场合。

设计师在设计了一件有意思的衣服之后，需要考虑的是如何让人穿上它，常见的方式是设计一个"后背中部拉链"。这种方式往往受到一些没有太多经验的设计师的青睐，因为它不需要在服装上进行侵入式的改变。

但后背部开合的设计，也许只适用于某些特定的场合。对于一个日常上下班只有15分钟时间用来穿衣打扮的人来说，这可能会是一个难搞的问题。后背部开合的设计是特定时代遗留下来的，当时的妇女穿着紧身胸衣和有裙撑的裙子，并且有女仆在后面为她们穿上衣服。而在今天，后背部开合的衣物更适合在特殊的重大场面穿着，比如婚礼或奥斯卡之夜，因为当一个女人在她的妆发上花了大量时间和金钱之后，她更有可能想从下到上从容地套上裙子，而不是把它从头顶上直接拉下来。所以，后背中部拉链往往暗含着特殊的场合感。

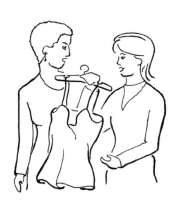

## 让挂在衣架上的衣服拥有吸引力

无肩、细肩带或宽领口的衣服在零售环境中很难展示出好的效果。一件设计精良的衣服挂在衣架上，可能会显得平平无奇，更糟糕的情况下甚至会看起来像一块破布，特别是当它旁边的衣物更吸引人的时候。在这种情况下，可能不仅是顾客不愿意试穿，店家也很有可能不会给它更多的展示机会。

衣架环或许是一个简单的解决方案，它可以用来展示无法挂在普通衣架上的服装。但过度依赖这种挂衣方式，可能显示出设计师忽视了顾客的需求。如果一个系列中超过 5% 的衣服有这个问题，那么这位设计师可能太过执着于让顾客裸露过多的皮肤。

柯南·奥布莱恩

## 随机假设

你的鞋子表明了你是谁，而你的头发或帽子表明了你希望别人如何看待你。

比利·波特，电动窗帘帽

## 在时尚和装扮之间有一个危险的灰色地带

在传统意义上，时尚意在凸显与强化一个人的真实人格，而装扮往往意在将穿着者转化成一个不同的角色。倾向于后者的时尚服装可能会被评论家斥为"太过戏剧化"。

但时尚和装扮之间的区别是有很多争议的，它往往难以被清楚地划分，并且由于文化固有的流动性，这种区别会随着时间的推移而变化与革新。但其中模糊的灰色地带仍然存在，设计师应该认识到进入这个地带所存在的潜在风险与回报。

## 在为儿童设计时，其父母就是你的客户。

　　儿童可能会很快毁掉一件衣服，或者长得太快，以至于几个月后就穿不成了。由于父母必须经常更换尿布，清理排泄物，洗衣服，购买各类替换品，因此在儿童服装上，实用性和价格往往会超过其他所有方面的设计考虑。

**65**

## 保证儿童服装的安全!

危险点包括:
- 结构配件,包含可能会导致勒或夹的拉绳和绳索
- 拨动装置、绳索挡板以及其他可能导致窒息的五金件和装饰物
- 五金件中的铅和其他毒素
- 易燃易爆问题

**66**

## 年纪越小的顾客头越大

较大的头、纤细的身体、长发、柔和的粉色或桃红色妆容，通常暗示着一个比较年轻的顾客形象，将五官集中在面部稍低的位置也有同样的效果。反过来，有曲线的身材、短发、形象化的妆容（如深红色的嘴唇、假睫毛等）和一些额外配饰（如手镯、项链），则有助于展现出一个更成熟的顾客形象。

**67**

## 越成熟，风格越直接。

    一般来说，目标客户越成熟，服装设计就应当越保守、经典和直接。这时候，应该尽量避免采用哗众取宠、厚脸皮或戏剧化的设计招式。然而，针对年轻目标客户的设计，如果过于拘谨，可能会有相反的效果，会让穿着者显得超出自身的成熟度和能力，好像在刻意进行某种角色扮演。

**68**

弗洛伦斯·格里菲斯·乔伊纳（1959—1998），美国田径运动员

## 不对称性意味着裸露感

　　对称的服装很常见，因为人体有着天然的对称性。但不对称性可以是美丽和富有挑衅意味的，部分原因是它潜藏着一种穿衣和脱衣之间的感觉。对称的皮肤裸露度看起来是考究的、安全的和完整的，但单个裸露的肩膀或手臂则会让人产生一种"有东西掉下来了，并且可能还有更多的东西会掉下来"的心理感受。

**69**

# 不是所有地方都能对齐在一起

对于视觉图案和纹路来说，为了使其在更重要的位置得以更好地呈现，必须在一些接缝处进行一些妥协。首先需要考虑的是：

**袖身匹配：** 在袖孔下 3~5 厘米处的肱二头肌上的图案，应与胸围线或胸部的图案相匹配。

**中缝匹配：** 身体的轮廓会导致线性图案的起伏。当使用格子和竖条纹时，在中缝周围保持垂线的对称性体现出了一种考究。如果图案本身是多色的，最好在中缝处选择一个不太突出的彩色条纹。

**焦点匹配：** 在随机的印花图案上，要实现一致的接缝匹配可能成本过高，而且往往是不可能做到的。但一些高端设计师会特意在图案中放置一个大的元素，例如一朵大花或大奖章，并让它穿过衣物的前中缝或其他突出的接缝处。

70

大图案配大图案

小图案配小图案

同类型图案

**很少成功**

小图案配大图案

对位图案，例如几何图案配旋涡图案，规则图案配不规则图案，分割图案配连续图案

**通常成功**

## 运用对位法组合不同的图案

　　要使图案花纹搭配起来和谐，最有效的方式是运用对位法。**规模对位**指的是将一个大图案与一个小图案组合在一起，而**类型对位**，打个比方，则是将花卉图案与几何图案组合在一起，或是将规则图案与不规则图案、条纹图案与旋涡图案组合在一起。

　　通常最好的办法，是同时运用规模对位和类型对位两种对位法，但如果要把两个相似的图案类型放在一起，就要确保它们的大小是不同的。否则，这两种组合方式很可能会混淆视线，因为它们都会争夺你的注意力。

## 太刻意的搭配往往看起来很低端

专注于将夹克和裙子、腰带和鞋子、领带和方巾进行看似完美严谨的搭配，反而暴露出一种机械的、一对一式的审美，这并不是真正具有审美力的体现。一个有品味的人对颜色和图案之间的关系有精妙的理解，往往能在不经意间运用一种兼收并蓄的态度而非字面意义上的方式去做搭配，从而恰到好处地把握时尚的精髓。

**72**

## 高级时装受法国法律保护

　　只有被法国巴黎工商会认定符合特定资格标准的时装公司，才能使用高级时装或高级定制服装的标签。高级定制和时尚联合会的成员必须：

- 为私人客户定制服装，并进行一次或多次试衣
- 在巴黎拥有一个工作室（设计工作室），并雇用达到最低数量的员工
- 每年两次向公众展示至少规定数量的原创设计作品

**73**

拿破仑·波拿巴（1769—1821）

## 为什么男人和女人衣服的纽扣方向是相反的？

　　关于这一点有两种说法。一种说法是，早年前的男人必须随时准备从衣服里掏出一把剑或手枪，左衽的纽扣设计使右撇子更容易操作。另一种说法是，上流社会的女士往往由她们的女仆来帮忙穿衣服，右衽的纽扣能够方便右撇子的女仆。

**74**

有时系上

总是系上

从不系上

从不系上

双排扣上衣　　　　　　　　　　三排扣上衣　　　　　　　　　所有上衣的坐姿扣法

**不同情况下的扣法**

# 传统的男士西装

**织物：** 通常采用 100% 羊毛、棉或一些丝绸，应该避免使用合成纤维和混纺纤维。一般来说，使用的传统图案包括：灰色或棕色羊毛织成的人字纹、窗格纹和粗花呢，灰色、藏青色或黑色羊毛织成的细条纹和粉笔条纹。棉质西装通常采用浅色，如棕褐色或白色。泡泡纱西装通常采用灰白搭配、藏青色与白色搭配，或红白搭配。

**上衣：** 应该是贴身但舒适的，扣上纽扣后，应当没有褶皱。使用较少的纽扣可以拉长躯干，尽管只有白色的晚礼服上衣应该设计为一粒纽扣。通常，上衣背后应该有一到两个开衩，没有开衩设计的上衣看起来会比较廉价。肩膀处不能太突出，也不能太窄。胸部和翻领处应该是平整的，脖子后的领口处也应当保持平整，并露出 1.3 厘米的衬衫领子。袖子应该延伸到手腕以上 2.5 厘米的位置，并露出 1.3 厘米的衬衫袖口。

**裤子：** 不要太宽松，但也不要太紧，以免前面的口袋外翻。在羊毛织物上进行一边一个的裤腿打褶，褶皱应当在膝盖和脚踝之间的前段断开。裤腿下摆可以进行翻边或不翻边的处理，从后面应当接触到鞋跟，从前面应当接触到鞋面。

**be spat ter** (be spat′ ər, bi-) *vt.* to spatter, as with soil or slander; sully

**be speak** (bi spēk′, -bi) *vt.* **-spoke** (-spōk ), **-spo ken** or **-spoke**, **-speak ing** 1 to speak for in advance; reserve  2 to be indicative of, show. From O.E. *besprecan*, "to speak about"; 1580+ "to speak for, to arrange beforehand, to ask for in advance", 1600s—1700s, "custom-made, made to order"

**best** (best)  *adj.* [[OE *betst*]] 1 *superl. of* GOOD 2 the most excellent, suitable, desirable, etc. 3 the largest portion /the *best* part of a year/ —*adv.* 1 *superl. of* WELL 2 in the highest manner —*n.* 1 the highest or

## 定制剪裁

　　定制剪裁是真正的高级定制。它是指按照穿着者自身的确切尺寸来制作西装和衬衫，包括从织物到造型设计，再到合身度的一系列考量。它最初并不局限于高品质的服装，但如今它相当于高级时装的代名词，而且这个词语的使用同样受法国法律保护。

**76**

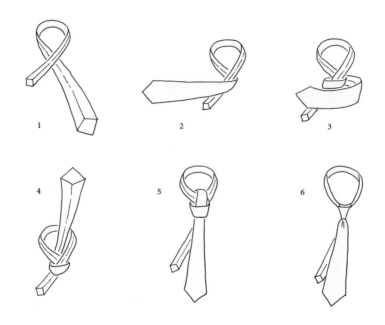

**马特结**

# 领口与领带

衬衫领口、上衣翻领和领带的比例是相互关联的。宽翻领的西装通常应该搭配宽领衬衫和一个完整的结，比如温莎结，以保持各部分比例的协调。窄翻领的西装通常最好搭配窄领和小领结。领带的尖端应该与腰带扣轻微地叠在一起。最常见的领带结类型有：

**温莎结：**经典的、大而对称的正式领结。

**半温莎结：**温莎结的一个更小、更简单的版本。它适合中领或宽领，以及中等重量的领带。

**四手结：**休闲的、略微不对称的领带结，一边留下额外的领带长度。它非常适合窄领和身材非常高大的男士。

**普瑞特结：**中小型的对称领结，使用到的领带长度比温莎结短。开始系的时候，先反面朝前。

## 77

**马特结：**最小的对称结，从反面开始向前系。它适合强调突出的宽度和完整悬垂度的领带。

人靠衣装，裸体的人对社会几乎没有影响。

——马克·吐温

78

## 运动休闲装不是用来运动的

运动休闲装是由工厂批量生产的、以标准尺寸出售的成品分体式服装。它可能包括日装、职业装、通勤装、燕尾服、休闲装和晚装。运动休闲装在美国相当于法国人所说的"**成衣**"。专门用于运动的服装被称为**运动服**。

| 1月 | 2月 | 3月 | 4月 | 5月 | 6月 | 7月 | 8月 | 9月 | 10月 | 11月 | 12月 |
|---|---|---|---|---|---|---|---|---|---|---|---|

大众市场冬季　　大众市场春季　　大众市场夏季　　大众市场秋季　　大众市场冬季

秋冬高定时装周　　　　　　　　　春夏高定时装周

**秋冬时装周**　　　　　　　　　　　**春夏时装周**

春夏设计师系列开始零售　　　　　秋冬设计师系列开始零售

《时尚》杂志　　　　　　　　　　《时尚》杂志
春季出刊　　　　　　　　　　　　秋季出刊

泳装时装周（迈阿密）

## 时装周持续四周

时尚界的高端产品线历来采用两季的时间表。设计师每年两次在时装周期间展示他们的新系列，持续四周。在此期间，来自世界各地的时尚买手和编辑依次前往纽约、伦敦、米兰和巴黎，在时装秀上预览即将到来的一季新系列。之后，他们会参观设计师的展示厅，来进行他们的季节性采购选品或安排时尚拍摄。

该行业较低端的产品线，包括针对大众市场、普通受众和生活方式的品牌，传统上采用以每三个月为周期的四季时间表，并每个月向服装店提供新产品。然而，越来越多的商家开始使用无季节性的时间模式，他们几乎不断地更换库存。走大批量和针对大众市场路线的时装店可能会每周更换两次服装陈列。

# 服装陈列

**百货店陈列：** 将相似的产品陈列在一起。这种方式常见于大型百货商店，他们的零售楼层一般被划分为独立的区域，比如西装、连衣裙、牛仔裤等等。

**精品店陈列：** 在一个较大的店铺内，每位设计师都有一个精品区域，包含这位设计师的季节性产品系列。

**交叉销售：** 在诸如以颜色或趋势为主题的场景设定中，展示一系列产品（如衬衫、鞋子、配饰等）。这种陈列方式可以在感知上提高一些附带单品（如吊带、背心等内衣产品，围巾或包等配饰产品）的价值，因为它可以将顾客的注意力引向某种特定的时尚造型，从而关注到这些小单品，否则它们就可能被顾客忽略。一般来说，陈列空间有限的小店铺会经常采用这类方法。

我的上半部分是生意，
下半部分是乐趣。

不要用你的规则来烦我，
兄弟。

我看不见你，但它们能让你
看见我。

我来去匆匆。

## 时尚即注解

　　时尚并不仅仅是漂亮的衣服，从某种程度上来说，它为人们的社会生活提供了一系列风评与注解。它关乎穿着者本身，也关乎其他人的穿着；它关乎过去的时尚，也关乎人体以及文化变迁。这也部分解释了为什么时尚看起来往往是短暂的，因为一旦某种时尚潮流下的话语变得惯常且为常人所熟知，就会趋向翻篇。这也是为什么当一种风格"回流"的时候，它的某些方面往往会与之前有所不同，比如一条迷你裙被加上了荷叶边，一条喇叭裙被搭配了平底鞋而不是高跟鞋，一件窄翻领夹克被搭配了原色而不是白衬衫。这就像是一场关于时尚的对话回到了一个熟悉的话题，但其中又有了一些新的说法。

　　时尚即注解，这意味着有的人可能穿着得体，但并不时尚，或者至少在某些人看来，有的人看起来穿得并不怎么样，但却可以说他／她是时尚的。

## 牛仔裤＝性

　　牛仔裤最初与工作紧密相关，一般由矿工、勘探者和劳工穿着。如今，用于粗糙随性穿着的铆钉、条钉和马鞍缝线已成为一条牛仔裤的设计特征，这意味着一种"真实性"。牛仔裤上的磨损显示出它被穿了很多年，这就是这种真实性的一部分。这就是为什么有的牛仔裤在被穿上之前，就已经被设计出了磨损的感觉。

　　牛仔裤能够进入时尚领域，是因为它独特的中缝设计。这种设计紧贴后臀部的曲线，对于男性来说，它将裆部从传统裤子的位置向前突出。如果不具备这个"必须做"的特征，在一条裤子上加上世界上所有的铆钉、缝线和打磨喷砂的设计，都不会做出一条真正的牛仔裤。

**83**

凯瑟琳·哈姆尼特的 T 恤衫

服装的出现并不源于实用主义。它们是神秘和色情的。披着狼皮的原始人不是因为怕被淋湿，而是在说："看看我杀了什么，我难道不是最棒的吗？"

——凯瑟琳·哈姆尼特

84

## 如果不了解后续的制作环节，你就无法完成设计。

优秀的设计师不会把结构、缝合、五金件、制版和织物选择等技术问题交给别人去解决。相反，成就越高的设计师对技术问题的亲身参与就越彻底。如果一位设计师认为自己非常出色，可以凌驾于技术环节之上，就把自己降到了创意崇拜的底层。事实上，当一个概念转化为一件真正的衣服时，必须预见到制版师、样衣工、模特甚至销售人员的需求。在这些环节中，有经验的人可能会以"你想要的东西做不到"来驳回一个没有什么实际经验的设计师所提出的反对意见。而一位在技术上一无所知的设计师，又如何去提出异议呢？

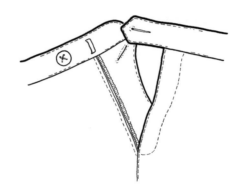

## 有疑问的时候，看看你的衣柜。

　　如果不确定一件衣服的构造应该是什么样的，就看看你自己的衣柜吧。每个人都至少有一条暗门襟裤子和一件胸前有纽扣的衣服。你不需要花费太多的时间和精力，就可以把它从衣柜里拉出来，去复制或者改造它。

**86**

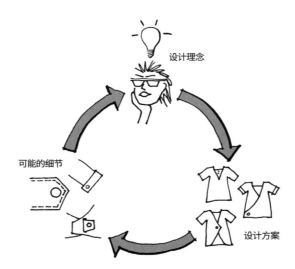

设计理念

可能的细节

设计方案

# 细节不是一种附加品

一个成功的系列是由概念驱动的，它往往是被一个伟大的构想激励和启发的。但是，如果缺乏对细节的认知，这个伟大的想法就很难被理解和诠释。在整个设计过程中，甚至在早期，设计师都需要绘制服装细节的放大图。不要只是探索一些装饰性的花纹图案，也要考量那些功能性很强的部分，比如口袋、封口处和接缝处。

有时候，细节能够反过来推动整个设计过程。在服装设计刚开始的时候，你可能会设想一个特定的廓形，但随着细节设计的展开，你可能会发现这个廓形需要做非常大的改变。有时，一个很棒的细节可以为整个设计的概念埋下种子，比如像扣件或袖口处理方式这样简单的东西，反而可能会彰显整个系列所强调的情绪或感觉。

**装饰品**

装饰性物品，包括刺绣、串珠和镶边

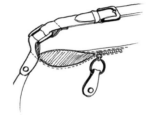

**五金件**

功能性物品，如纽扣、拉链、按扣、拨片、
铆钉和扣眼等

## 处理细节的时候回归概念

　　概念是服装系列的一个全盘计划，它为一些大的抉择提供参照，比如廓形、颜色和织物选择。它也可以渗透到某一个特定细节中，比如一处纽扣、针脚或其他细节。概念可以被看作一个系列的 DNA，它存在于这个系列的每一个方面，体现在每一件衣服和每一个细节之中。

　　当你为一个设计确定最后的细节和解决方案时，要回到概念中去寻找方向。如果你发现一个细节的处理方式无法呈现你的概念，那么它可能在告诉你，要重新思考这个概念。

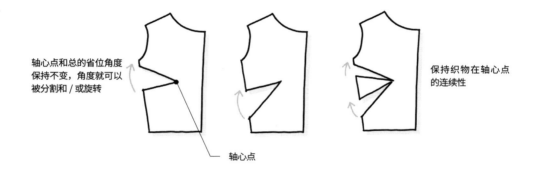

轴心点和总的省位角度
保持不变，角度就可以
被分割和／或旋转

保持织物在轴心点
的连续性

轴心点

**胸部省位的三种选择**

## 如何在一个轴心点上形成省位

省位技术是通过捏进与折叠织物边缘产生隆起或凹进的褶皱，以适应人体三维弧度的服装技术。省位与缝合线不同，缝合线通常是在大面积上连接起两块织物，而省位则是对一块织物进行局部调整。与男装相比，为了适应胸部的曲线，省位技术在女装中采用得更多。

一个省位可以被分成两个或更多的小省位，比如活褶、塔克褶、碎褶等，只要它们组合起来的角度等于总的省位控制角度就可以。

## 皮革不存在连续完整的大尺寸

皮革是动物的皮，不存在一大块的尺寸。因此，皮革服装通常比同等织物的服装有更多的接缝。除此之外，皮革越精细，碎片就越小。

由于服装的拼接方式和接缝处十分关键，并且由于皮革恰好可以很好地展示缝制技术，因此皮革服装经常以强调和突出其细节的方式进行设计。

**90**

## 镜子是你最好的朋友

　　也许与你的同事或同学不同，一个真正的朋友总是诚实和坦率的，没有任何目的或别有用心的动机。对着镜子看自己的作品，就像找到一个新的好朋友。镜子会让你看到一些你以前没有注意到的东西，比如一个你认为能够稳稳立在图稿上的人物形象，在现实中可能会站不住脚。一个你认为完全对称的平面实际上是不对称的，或者一个你认为有着漂亮悬垂感的白坯出现了褶皱和拉扯，一个你认为平整的领口会使胸围线看起来太低。

## 去观想造型，但不要依赖造型。

造型是指将服装和配饰搭配在模特、人体模型或陈列品上，以彰显出整体外观、角色人格或潮流态度。造型师不一定要有设计能力，但设计师必须了解造型搭配。设计师经常通过绘制从头到脚的完整造型草图，包括帽子、头发、妆容、珠宝、面部发型、鞋子、靴子、袜子、腰带、手套等等，来更好地保持部分和整体之间的比例关系，让各部分相互映衬。同时，偶尔从专注于服装设计本身的工作中解脱出来，往往会使设计师的创作过程得到解放。

虽然造型很关键，但不要依赖它来完成一个整体的时尚设计。如果你发现自己很想让一件特定的配饰与你正在设计的服装搭配起来，很有可能是因为你需要将这件配饰的美感直接融入你的服装之中。

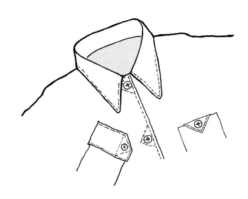

## 附加价值

  时尚消费的顾客，总会被说服去购买一件自己在功能上已经拥有的衣服。一位设计师如何将一件基本款的毛衣或裙子卖给一个并不真正需要它的顾客呢？

  附加价值中的细节，往往可以打动那些犹豫不决的买家，特别是在时尚市场的中低端和休闲领域。附加价值中的细节是一件衣服本身所必需的，它可以在不增加大量成本的同时，以一种新颖或有趣的方式呈现出来。常见的例子包括独特的纽扣、特殊的缝线、形状有趣的口袋和对比鲜明的衬里。

# 女装裁缝师

在成衣出现之前，女人要么自己做衣服，要么请女装裁缝师做衣服。女装裁缝师并不会创造全新的时尚设计，而往往是模仿或调整当时已经存在的时尚版式。通常他们会在基础上添加一些装饰，比如荷叶边、褶皱、覆盖式纽扣、细肩带和丝带边。

如今，这种高度女性化的细节处理仍然被称为女装裁缝师细节，即使这些细节并非真的由专业的裁缝师制作的。女装裁缝师的细节处理在时装设计中很重要，尽管这个术语有时会被用作贬义词，用来描述在一件衣服中，设计师的注意力被过多地用在装饰和贴花上，而没有对廓形、合身度、线条和剪裁给予更多的考量。

## "免费"的配件容易降低质感

当腰带、吊裤带、围巾、珠宝或其他装饰品被附加到一件衣服上时，往往需要消耗这件衣服额外的制作成本。因此，这种配件通常质量不高，这容易使本来很有吸引力的东西变得有廉价感，或者使得服装本身的质量显得比没有装饰品的同类产品要差一些。有时候，在服装上添加配件的冲动，可能会显出一种想要利用外部元素弥补一个薄弱设计的意图。

## 你无法在一个原本毫无价值的设计上硬加价值

采用夸张洋溢的设计手法，将一件衣服或一个系列充分概念化，之后再去"淡化"它，几乎总是比在一个本就缺乏真正灵感的中庸设计理念中硬加点什么要好。

**96**

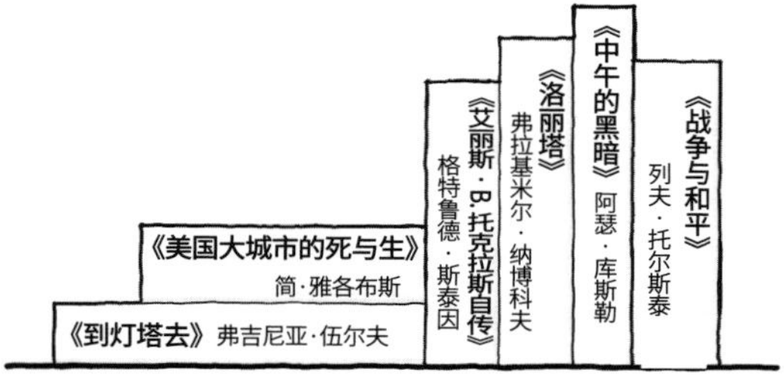

《到灯塔去》弗吉尼亚·伍尔夫

《美国大城市的死与生》
简·雅各布斯

《艾丽斯·B·托克拉斯自传》
格特鲁德·斯泰因

《洛丽塔》
弗拉基米尔·纳博科夫

《中午的黑暗》
阿瑟·库斯勒

《战争与和平》
列夫·托尔斯泰

普遍性可以被理解为特殊性的简化，但特殊性无法被看作普遍性的加强。

——埃德加·温德（1900—1971），《文艺复兴时期的异教奥秘》

**如果你觉得自己是一个不被理解的天才，那可能是因为你并不是天才。**

即使你是天才，没能被理解也是你的过失，而获得理解也是你的责任，你需要更好地将你的想法传达给世界。

**98**

## 拥有远见与行动力

　　时装设计师必须能够在一个时装季前 12 个月构思出整个系列。这需要设计师有能力全面评估文化发展的大环境、时尚趋势、不断变化的客户需求、预算以及制造和交付流程。同时，设计师必须在细微之处落实一个系列中的每一件单品，从它们的比例、织物到纺线的具体颜色和纽扣的大小。

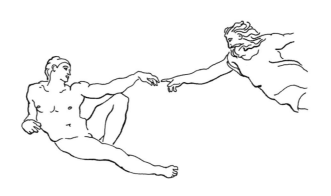

## 米开朗琪罗在做的事

当教皇尤利乌斯二世委托米开朗琪罗绘制西斯廷教堂的天花板时，米开朗琪罗看着被许多穹顶、帆拱和壁柱分割开来的巨大天花板表面，无疑会担心那些对他来说不计其数的限制、边界和框定。他可能还会觉得，让大部分不识字的教堂会众通过绘画去理解《圣经》的这一要求，使他受到了进一步限制。

然而，米开朗琪罗不可能抱怨说他不喜欢这个天花板，说这不是他的风格，或者觉得教皇不"理解"他的工作方式。相反，米开朗琪罗把这些实际限制变成了展现艺术的机会。他证明，唯有在解决现实世界的问题中，方能展现创造力的真正本质。

约翰尼·卡什（1932—2003）

## 真正的风格是与生俱来的

我们所认识到的视觉风格，其实是人与事物在更深、更真实层面的一种外在揭示。风格不仅是事物的外观，而且是人与事物如何存在于世界的一种展现与证明。一个真正有风格的人并不是学会了以某种方式进行自我装扮，而是本就拥有笃定的自我，并将这种自我自然地表露在了外在穿着中。